电力安全生产典型事故集

变电检修专业

国网宁夏电力有限公司银川供电公司 组编
李涛 主编

人 民 邮 电 出 版 社
北 京

图书在版编目（CIP）数据

电力安全生产典型事故集. 变电检修专业 / 国网宁夏电力有限公司银川供电公司组编 ; 李涛主编. -- 北京: 人民邮电出版社, 2024.5
ISBN 978-7-115-63583-9

Ⅰ. ①电… Ⅱ. ①国… ②李… Ⅲ. ①电力工业－变电－安全事故－案例－汇编 Ⅳ. ①TM08

中国国家版本馆CIP数据核字(2024)第028406号

内容提要

本书针对变电检修一线作业人员安全生产的作业要求，采用情景漫画形式再现了40多个典型的违章作业案例，涉及人身触电、火灾、高处坠落、中毒、机械伤害、误操作等6类事故。同时，辅以逻辑图、视频演示等方式，将安全规章规范、风险辨识、预控措施等内容融入其中，旨在提高一线作业人员的安全意识和操作技能，规范其安全生产行为，以减少安全事故的发生。

本书可作为电力企业一线作业人员、安全监管人员和安全管理人员的安全学习手册，也可作为电力院校的安全和技术培训用书。

◆ 组　　编　国网宁夏电力有限公司银川供电公司
　主　　编　李　涛
　责任编辑　牟桂玲
　责任印制　焦志炜

◆ 人民邮电出版社出版发行　　北京市丰台区成寿寺路11号
　邮编　100164　　电子邮件　315@ptpress.com.cn
　网址　https://www.ptpress.com.cn
　涿州市般润文化传播有限公司印刷

◆ 开本：880×1230　1/32
　印张：3.25　　　　2024年5月第1版
　字数：99千字　　　2024年5月河北第1次印刷

定价：39.90元

读者服务热线：(010)81055410　印装质量热线：(010)81055316
反盗版热线：(010)81055315
广告经营许可证：京东市监广登字20170147号

安全生产是国家的一项基本国策，旨在保护劳动者安全、健康和国家财产，促进社会生产力发展。安全生产不仅关乎个人生命安全，也影响整个社会的稳定和经济发展。人生来就有求生的本能和安全的需要，但岗位所需要的安全知识和技能并不是与生俱来的，个人的安全意识强弱、技能高低直接决定了安全生产的具体过程和结果，因此，国家高度重视安全教育培训工作，在发布的《中共中央 国务院关于推进安全生产领域改革发展的意见》《企业安全生产责任体系五落实五到位规定》等文件中均明确提出安全教育培训的要求，将安全教育培训作为企业履行安全生产职责的重要内容。

随着科学技术的发展，电网运行的稳定性和可靠性提高，事故率大大下降，但电力企业仍时有安全事故发生，轻者造成设备损坏，重者导致人身伤亡，这些安全事故血的教训让人们意识到提升一线作业人员的安全意识、强化安全责任履行的重要性。安全生产是电力企业取得经济效益的基础，要实现电力企业的健康、稳定、持续发展，必须不断强化安全教育工作，向全体员工进行必要的宣传、教育和训练，以全面提升其安全思想意识、安全知识水平和安全技能。

为进一步贯彻落实习近平总书记关于安全生产重要指示精神，有效推动《电力安全生产“十四五”行动计划》的实施，全面提升一线员工安全意识和操作水平，防范因违章作业导致的生产安全事故发生，国网宁夏电力有限公司银川供电公司组织相关专家，特别为一线变电检修作业人员编写此书。

本书主要从变电检修专业通用知识和技能、设备检修，以及带电检测、高压试验等方面，再现了作业现场的 40 多个典型违章作业案例，涉及人身触电、火灾、高处坠落、中毒、机械伤害、误操作等 6

类事故。同时，采用情景创设的“以案促学”手段，通过情景漫画、逻辑图、视频演示等方式，将安全规程规范、风险辨识和预控措施融入其中，让安全知识入景、入境、入理，进而有效提升员工的学习积极性，使员工牢固掌握本职工作所需的安全生产知识，增强安全意识，提高安全操作技能。

本书由李涛主编，陈盛君、田力、李浩然、田海福、王岱、张亮、张春林、赵柏涛、刘文龙、胡晓雷、刘超、胡云、韩博意、李达凯等参与了本书的案例收集。

鉴于编者的水平和时间有限，本书恐有疏漏和不当之处，敬请广大读者批评指正，我们的联系邮箱为muguiling@ptpress.com.cn。

编者

Contents

目录

第1篇　变电检修总述篇

第1章　风险辨识与预控措施

1. 严禁攀爬设备。
2. 严禁人员攀爬套管。
3. 禁止进行与巡视工作无关的其他工作，巡视过程中加强监护、互相监督。
4. 巡视人员状态应良好，精神集中。
5. 巡视过程中禁止随意动用解锁钥匙。
6. 工作中与带电部分保持足够的安全距离。（作业车：220kV>6.0m、110kV>5.0m、35kV>4.0m、10kV>3.0m。人员：220kV>3.0m、110kV>1.5m、35kV>1.0m、10kV>0.7m。）
7. 严禁翻越围栏、扩大作业范围。
8. 安装避雷针就位后立即做好临时接地。
9. 雷雨天气或者站内有接地故障时，不得开展接地装置检修。
10. 检修需断开电气接地连接回路前，应做好临时跨接。
11. 开挖接地体时，应注意与带电设备保持足够的安全距离，应正确使用打孔及挖掘工具。

12. 注意观察母线电压，防止电压过高、过低。
13. 严禁误动、误碰运行设备。
14. 使用合格的绝缘工具，并站在绝缘垫上，防止造成人身触电。
15. 严禁造成交、直流短路和直流接地。
16. 使用绝缘工具带电拆除电缆时，要做好绝缘措施，严防人身触电。
17. 严禁造成极性接错。
18. 严禁造成直流母线失压，防止造成系统事故。
19. 工作前断开六氟化硫（SF_6）继电器相关的电源并确认无电压。
20. 被抽真空的气室附近有高压带电体时，主回路应可靠接地。
21. 更换放电计数器前，应将避雷器的接地引下线可靠接地。
22. 雷雨天气禁止更换监测装置。
23. 更换监测装置前，应将避雷器与监测装置的连接线可靠接地。
24. 断开相关二次电源，并采取隔离措施。
25. 雷雨天气禁止进行避雷器检修。
26. 高空作业车应加装接地线，并且接地线的规格应使用截面积不小于 $16mm^2$ 并带有绝缘护套的多股软铜线。

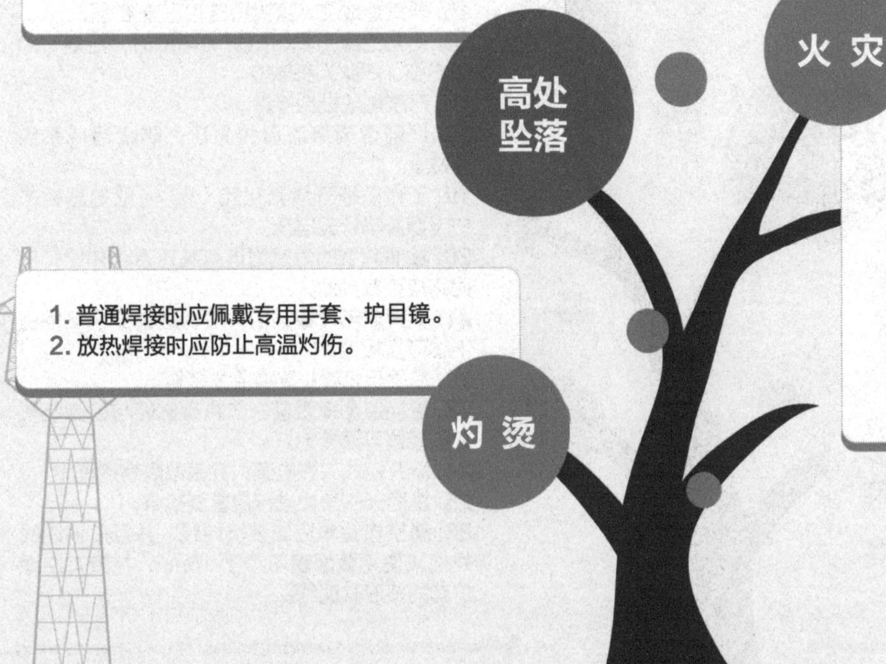
1. 高处作业正确使用安全带。
2. 高处作业禁止将安全带系在避雷器及均压环上。
3. 工作过程中严禁攀爬避雷器、踩踏均压环。
高处坠落
火 灾
1. 恢复接地连接断开点前，应确保周围环境无爆炸、火灾隐患。
2. 施工现场应准备检测合格的灭火器等消防器材。
3. 动火作业时按规定使用动火工作票，并应有专人监护。
4. 动火作业前应清除动火现场及周围的易燃物品，或采取其他有效的安全防火措施。
5. 除符合规定的作业用火外，现场严禁烟火。
1. 普通焊接时应佩戴专用手套、护目镜。
2. 放热焊接时应防止高温灼伤。
灼 烫

爆 炸

1. 使用中的氧气瓶和乙炔气瓶应垂直固定放置，氧气瓶和乙炔气瓶的距离不能小于5m，气瓶的放置地点不准靠近热源，应距明火 10m 以外。
2. 避免装有 SF_6 气体的气瓶靠近热源或受阳光暴晒。
3. 气瓶应带有安全帽和防震圈，轻搬轻放，避免受到剧烈撞击。
4. 抽真空的过程中，严禁对设备进行任何加压试验。

物体打击

1. 避免单人进入室内气体绝缘开关设备（GIS）区进行巡视，巡视人员站位应避开压力释放通道或压力释放口，防止压力释放动作伤及巡视人员。
2. 取直卷式水平接地体时，应避免弹伤人员或弹至带电设备。
3. 拆除前应先将被拆除部分可靠固定，避免引流线滑出、均压环坠落、绝缘件倒塌。
4. 在搬运、吊装避雷器过程中，严禁受到冲击和碰撞。
5. 按厂家规定吊装设备，并根据需要设置缆风绳控制方向。

其 他

1. 加强监护，必要时指定专责监护人，严禁单人作业。
2. 沟（槽）、坑、洞开挖时，应将路面铺设材料和泥土分别堆置，堆置处和沟（槽）之间应保留通道供施工人员正常行走。
3. 开挖的坑、沟、孔洞等均应铺设符合安全要求的盖板或设可靠的围栏、挡板及安全标志。

第2章 典型违章

现场违章1：超出作业范围工作，未与带电设备保持安全距离

违反条例

《国网安监部关于修订印发〈严重违章条款释义〉（生产变电等11部分）的通知》（安监二〔2023〕48号）第二条：超出作业范围未经审批。

现场违章 2：作业人员在雷雨天气巡视时，未穿绝缘靴，并靠近避雷器

违反条例

《国家电网公司电力安全工作规程 变电部分》（Q/GDW 1799.1—2013）5.2.2：雷雨天气，需要巡视室外高压设备时，应穿绝缘靴，并不准靠近避雷器和避雷针。

现场违章 3：动火作业前未清除周围易燃物

违反条例

《国家电网公司电力安全工作规程 变电部分》（Q/GDW 1799.1—2013）16.6.10.5：动火作业应有专人监护，动火作业前应清除动火现场及周围的易燃物品，或采取其他有效的安全防火措施，配备足够适用的消防器材。

现场违章 4：在设备区吸烟后，将未燃尽的烟头丢入电缆沟

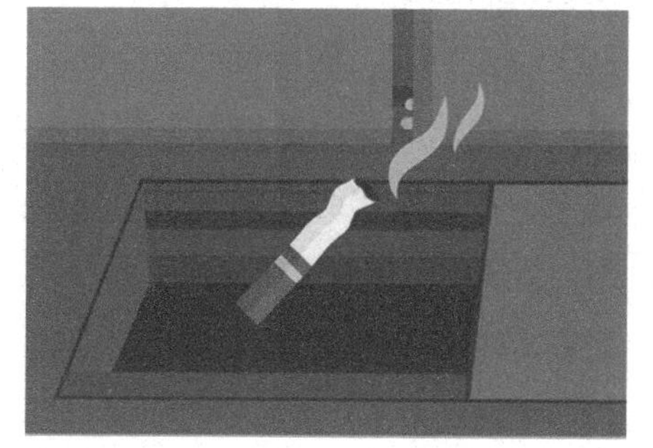

违反条例

《国网安监部关于修订印发〈严重违章条款释义〉（生产变电等 11 部分）的通知》（安监二〔2023〕48 号）第四十七条：在易燃易爆或禁火区域携带火种、使用明火、吸烟；未采取防火等安全措施在易燃物品上方进行焊接，下方无监护人。

现场违章 5：使用未经绝缘包扎的工器具导致事故发生

违反条例

《国家电网公司电力安全工作规程 变电部分》（Q/GDW 1799.1—2013）12.4.2：使用有绝缘柄的工具，其外裸的导电部位应采取绝缘措施，防止操作时相间或相对地短路。低压电气带电工作应戴手套、护目镜，并保持对地绝缘。禁止使用锉刀、金属尺和带有金属物的毛刷、毛掸等工具。

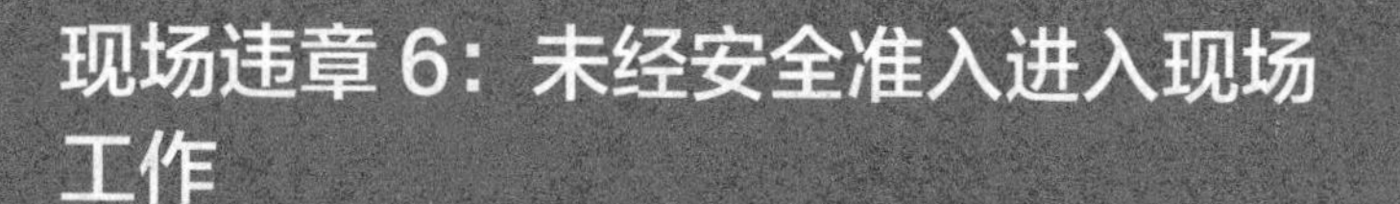

现场违章6：未经安全准入进入现场工作

违反条例

《国网安监部关于修订印发〈严重违章条款释义〉（生产变电等11部分）的通知》（安监二［2023］48号）第二十四条：现场作业人员未经安全准入考试并合格；新进、转岗和离岗3个月以上电气作业人员，未经专门安全教育培训，并经考试合格上岗。

现场违章 7：工作人员进入未经检测合格的 SF_6 设备室

违反条例

《国家电网公司关于印发生产现场作业“十不干”的通知》（国家电网安质［2018］21 号）第九条：有限空间内气体含量未经检测或检测不合格的不干。

现场违章8：GIS室内 SF_6 检测装置长期故障未修复

违反条例

《国家电网公司电力安全工作规程 变电部分》（Q/GDW 1799.1—2013）11.5：在 SF_6 配电装置室低位区应安装能报警的氧量仪和 SF_6 气体泄漏报警仪，在工作人员入口处应装设显示器。上述仪器应定期检验，保证完好。

现场违章 9：高处作业，安全带未悬挂在牢固的钢构件上

违反条例

《国家电网公司电力安全工作规程 变电部分》（Q/GDW 1799.1—2013）18.1.8：安全带的挂钩或绳子应挂在结实牢固的构件上，或专为挂安全带用的钢丝绳上，并应采用高挂低用的方式。禁止挂在移动或不牢固的物件上［如隔离开关（刀闸）支持绝缘子、CVT[①]绝缘子、母线支柱绝缘子、避雷器支柱绝缘子等］。

①：CVT 是电容式电压互感器的英文缩写。

第 3 章 案例警示

案例经过

雷雨天变电站巡视，
防护不当雷击致死

案例经过

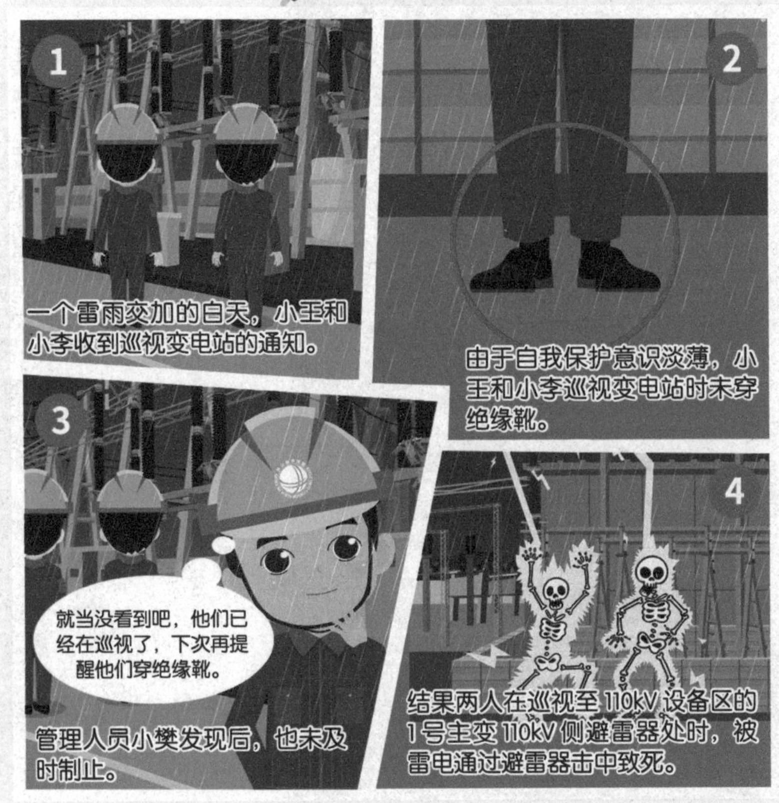
1
一个雷雨交加的白天，小王和小李收到巡视变电站的通知。
2
由于自我保护意识淡薄，小王和小李巡视变电站时未穿绝缘靴。
3
就当没看到吧，他们已经在巡视了，下次再提醒他们穿绝缘靴。
管理人员小樊发现后，也未及时制止。
4
结果两人在巡视至 110kV 设备区的1号主变 110kV 侧避雷器处时，被雷电通过避雷器击中致死。

接地装置“动火”检修，“易燃”清理当务之急

案例经过

某日，某变电所进行接地装置整体检修，需动火作业。

按照相关规定，动火作业前必须要清除周围易燃物品。不料作业人员小李并未将规定放在心上，他觉得是小题大做。

结果在进行动火作业时，火花溅到旁边的易燃物品上，引起火灾。

火势发展迅猛，于是协调13人进行灭火。他们分别用灭火器、沙子才将火源扑灭。最终导致接地装置旁的部分物资被烧毁，但万幸无人员伤亡。

案例经过

电缆沟里丢入烟头，
突发火灾敲醒警钟

1
某日，某变电站巡视人员小李正在巡视站用交直流电源系统。

2
巡视时，他突然觉得乏味，于是便在摄像头无法拍摄的位置抽烟，并将未燃尽的烟头丢入电缆沟中。

3
结果导致电缆沟起火，大火燃烧近2小时。

电缆防火墙
4
还好电缆沟内和通往高压室的防火墙起了作用，火势才没有接近高压室电缆隧道。火灾导致数十根直流电缆损坏，造成35kV设备区和110kV设备区直流控制电源和直流动力电源全部消失5小时左右。

检修直流电源系统，操作不当直流短路

某日，某变电站的直流电源系统的监控器发生故障，检修工作负责人老李带领工作班成员小刘、设备厂家技术人员小张一同前往更换新的监控器。

在工作过程中，小张竟然使用未经绝缘包扎的螺丝刀拆卸监控器，拆卸至一半时螺丝刀的裸露部分误碰直流母线。

未经允许进高压室，
吸入有毒气体晕倒

案例经过

1
某日，某变电站发出某开关低气压闭锁报警信号，调控中心通知运维班赶赴现场查看。
2
到站后，当值班长老张叫小李一起到安全工具室准备安全工具。
3
小吴却在未经允许的情况下独自一人走进 GIS 室，结果吸入过多有毒气体后晕倒。
4
幸亏老张与小李及时发现晕倒的小吴，并将其送往医院抢救，才挽回一命。

案例经过

变电站避雷器检修，
防护有误坠落死亡

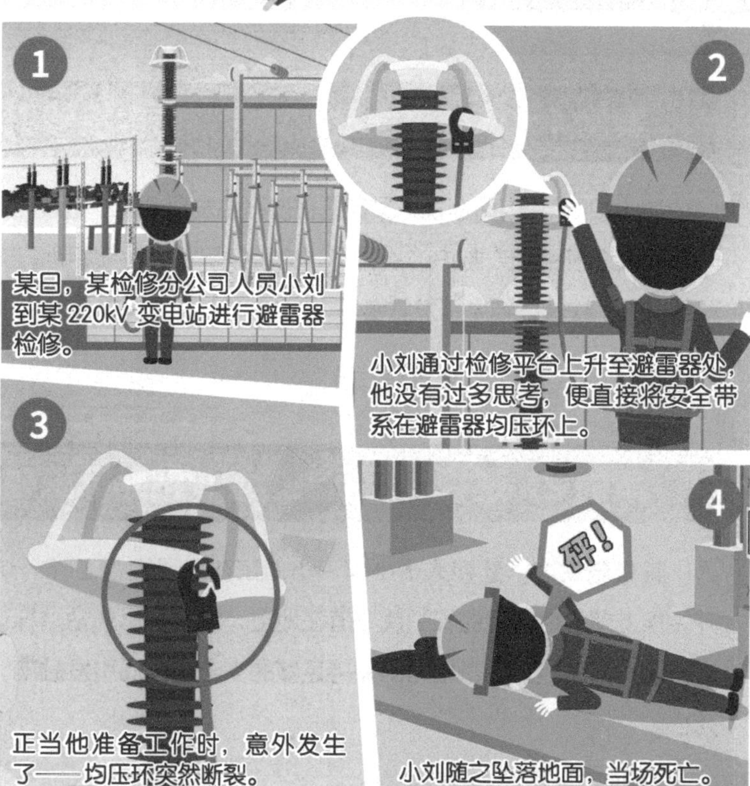
1
某日，某检修分公司人员小刘到某 220kV 变电站进行避雷器检修。
2
小刘通过检修平台上升至避雷器处，他没有过多思考，便直接将安全带系在避雷器均压环上。
3
正当他准备工作时，意外发生了——均压环突然断裂。
4
砰！
小刘随之坠落地面，当场死亡。

其他案例

案例 1：巡视过程发现异常，私自检修引发触电

某 110kV 变电站巡视人员在巡视过程中发现 35kV 母线电压有异常。在未向任何人汇报和无人监护的情况下，他擅自用紧急解锁钥匙打开刀闸挂锁，并开展检查、检修，结果引发触电。

案例 2：巡视发现标识落地，粘贴标识触电身亡

某变电站内，巡视人员小何、小刘正在开展巡视工作。这时，小刘发现开关柜上部接地刀闸的标识牌掉落在地上，结果在小刘粘贴标识牌的过程中，由于没与开关柜上部带电刀闸保持足够的安全距离而引发触电，最终医治无效死亡。

案例3：测控装置切换“就地”，单人操作误断电源

某日，某自动化班收到一张工作票：将全站的测控装置切换至“就地”位置。在操作的过程中，值班长认为操作简单，于是没有设置监护，结果工作人员小刘单人操作时误断装置电源，还好值班长及时发现，才没有发生事故。

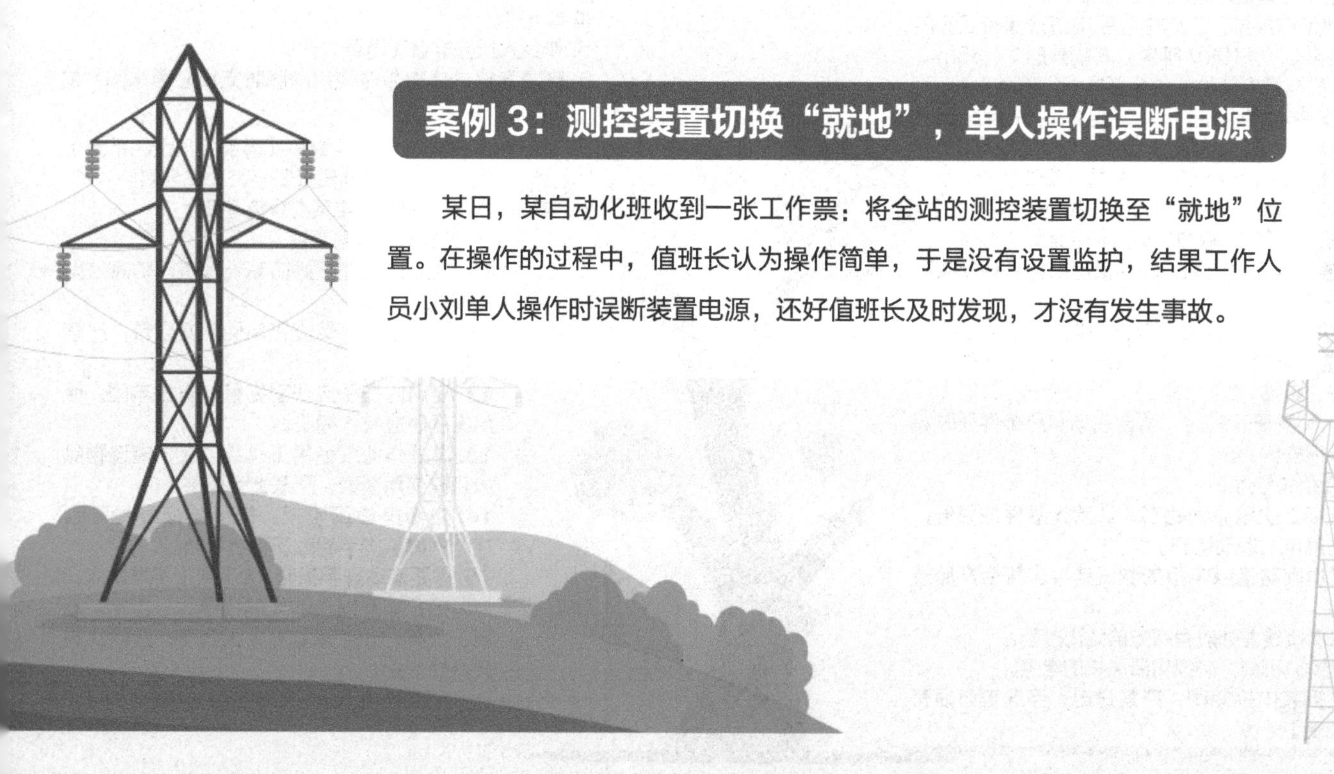

第 2 篇 主变压器检修篇

第 4 章 风险辨识与预控措施

1. 高空作业车使用过程中应可靠接地。
2. 相邻带电部位，工作中与带电部分保持足够的安全距离。（110kV 等级：车辆外廓 >1.65m。作业人员与带电部位的安全距离 >1.50m。）
3. 工作中与带电部分保持足够的安全距离。（作业车：220kV> 6.0m、110kV>5.0m、35kV>4.0m、10kV>3.0m。人员：220kV>3.0m、110kV>1.5m、35kV>1.0m、10kV>0.7m。）
4. 断开二次电源，隔离措施应符合现场实际条件。
5. 检查机构二次电源，隔离措施应符合现场实际条件。
6. 操动机构二次电缆，裸露线头应进行绝缘包扎。
7. 施工现场的大型机具及电动机具的金属外壳接地良好、可靠。
8. 拆、装隔离开关时，结合现场实际条件适时装设个人保安线。
9. 断开相关电源。
10. 拆接二次电源回路时，认清元器件的编号，做好防触电、误动措施。
11. 二次回路绝缘电阻的测试结果应符合产品技术规定。
12. 二次接线盒处应有有效的防雨措施。
13. 更换风机前，必须切断风机的电源。
14. 在拆装电机期间，严禁送电，停送电必须有专人负责。

1. 高处作业人员应正确使用安全带，安全带应挂在牢固的构件上。
2. 按厂家规定正确吊装设备，设置缆风绳控制方向。
3. 起吊前再次检查吊具和吊带的安装情况。
4. 吊装套管时，其倾斜角度与套管升高座的倾斜角度基本一致。
5. 作业人员应穿着防滑鞋。
6. 穿墙套管本体安装时使用的临时支撑必须牢固，使用前应进行检查。
7. 作业人员在斗臂车或脚手架搭设的平台上作业时，应正确佩戴安全带、安全帽。
8. 禁止将安全带系在穿墙套管上。
9. 严禁攀爬穿墙套管。
10. 高处作业应做好防高处坠落、防高处坠物措施。
11. 高处作业人员应正确使用安全带，严禁低挂高用。
12. 使用的梯子应坚固完整、安放牢固，使用梯子时应有人撑扶。
13. 高处作业应使用工具袋，上下传递物品应正确使用绳索，严禁上下抛掷。
14. 如需搭设脚手架，脚手架应经检验合格，并确认脚手架处于稳定状态。
15. 需要移动脚手架时，脚手架上不准站人。
16. 在 5 级及以上的大风或暴雨、雷电、冰雹、大雾、沙尘暴等恶劣天气下，应停止露天高处作业。

起重伤害

1. 高空作业车在每次使用前应进行检查，支脚应置于平坦、坚实的地面上，并且支脚应避开孔洞、电缆沟等。
2. 设专人指挥，指挥人员应站在能全面观察到整个作业范围及吊车司机和司索人员的位置。
3. 吊臂下方不允许人员穿行或逗留。

物体打击

1. 在安装机构箱时，应扶稳，避免砸脚事故发生。
2. 操作无卡涩，联锁、限位、连接校验正确，操作可靠。
3. 机械联动、电气联动的同步性能应符合制造厂要求，远方、就地及手动、电动均进行操作检查。
4. 本体指示、操作机构指示以及远方指示应一致。
5. 检查分接开关连接、齿轮箱、开关操作箱内部等无异常，传动连杆应有防松措施。
6. 严禁踩踏有载分接开关防爆膜。

机械伤害

1. 工作人员严禁踩踏传动连杆。
2. 手动和电动操作前必须呼唱，并确认人员已离开传动部件和转动范围及动触头的运动方向。
3. 检查风机叶片等旋转部分时，不能用手直接触摸，应用螺丝刀拨动叶片转动，检查叶片润滑情况。
4. 风机检修，合闸送电前，一定告知现场工作人员，做好隔离安全措施，防止误伤。

1. 滤油场地附近应无易燃易爆物，并设置安全防护围栏、安全标志。
2. 油罐与油管的连接处及油管与其他设备之间的各个连接处必须绑扎牢固，防止发生跑油事故。
3. 滤油机必须接地，滤油机管路与变压器接口应可靠连接。
4. 热油循环过程中应时刻观察滤油机的各个压力表及温度表，防止油温过高，导致油质老化甚至发生火灾，各个滤油机旁都应放有灭火装置。
5. 滤油机所接电源应与滤油机功率相匹配，应定期检测滤油机电缆及电缆接头温度，防止电缆发热、烧熔造成火灾。

1. 准备充足的施工电源及照明。
2. 拆卸过程中应采取防护措施，防止螺栓落入油箱内部或坠落伤人。
3. 进入作业现场应正确佩戴安全帽，现场作业人员应穿全棉长袖工作服、绝缘鞋。
4. 严禁翻越围栏、私自扩大作业范围。
5. 调整时应遵循“先手动后电动”的原则，电动操作时应将接地开关置于半分半合位置。
6. 拆卸过程中，注意防止叶轮碰撞变形。

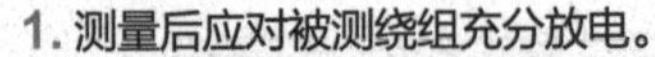

1. 测量后应对被测绕组充分放电。
2. 试验前非测试绕组要接地。
3. 试验完毕的变压器铁芯必须接地，如果铁芯绝缘电阻过低，应查明原因。（此为测量铁芯和夹件等的绝缘电阻注意事项。）
4. 测量后应对末屏充分放电。（此为套管试验注意事项。）
5. 应注意测试高压线的对地绝缘问题。
6. 仪器应可靠接地。（此为测量绕组连同套管的介质损耗注意事项。）
7. 加压前高声呼唱。

第5章 典型违章

现场违章1：高处作业未使用安全带

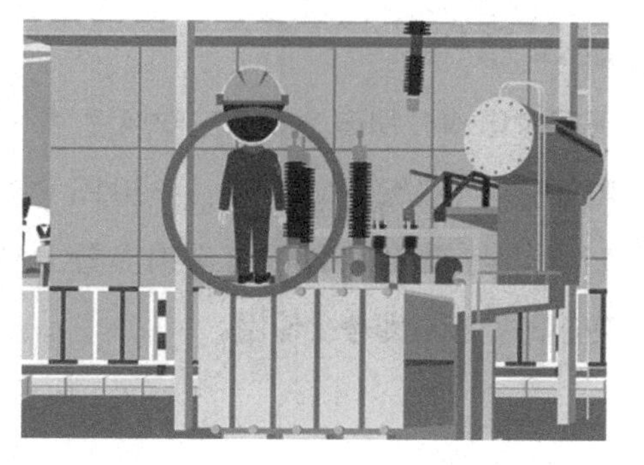

违反条例

《国网安监部关于修订印发〈严重违章条款释义〉（生产变电等11部分）的通知》（安监二〔2023〕48号）第三条：高处作业、攀登或转移作业位置时失去安全保护。

现场违章 2：使用不合格的吊带

违反条例

《国家电网公司电力安全工作规程 变电部分》（Q/GDW 1799.1—2013）17.3.4.4：发现外部护套破损显露出内芯时，应立即停止使用。

现场违章 3：作业人员未正确佩戴安全帽

违反条例

《国家电网公司电力安全工作规程 变电部分》（Q/GDW 1799.1—2013）4.3.4：进入作业现场应正确佩戴安全帽，现场作业人员应穿全棉长袖工作服、绝缘鞋。

现场违章 4：现场未对所有作业人员进行安全交底

违反条例

《国网安监部关于修订印发〈严重违章条款释义〉（生产变电等 11 部分）的通知》（安监二［2023］48 号）第六条：作业人员不清楚工作任务、危险点。

现场违章 5：擅自扩大作业范围

违反条例

《国网安监部关于修订印发〈严重违章条款释义〉（生产变电等 11 部分）的通知》（安监二［2023］48 号）第二条：超出作业范围未经审批。

现场违章 6：用手直接触碰电机的转动部分，私自开启风机电源

违反条例

《国家电网公司电力安全工作规程 变电部分》（Q/GDW 1799.1—2013）10.7 检修高压电动机及其附属装置（如启动装置、变频装置）时，应做好下列安全措施：……d）做好防止被其带动的机械（如水泵、空气压缩机、引风机等）引起电动机转动的措施，并在阀门（风门）上悬挂“禁止合闸，有人工作！”的标示牌。

现场违章7：作为工作班成员不服从专责监护人的指挥

违反条例

《国家电网公司电力安全工作规程 变电部分》（Q/GDW 1799.1—2013）6.3.11.5 工作班成员：……b）服从工作负责人（监护人）、专责监护人的指挥，严格遵守本规程和劳动纪律，在确定的作业范围内工作，对自己在工作中的行为负责，互相关心工作安全。……

现场违章 8：高空抛物

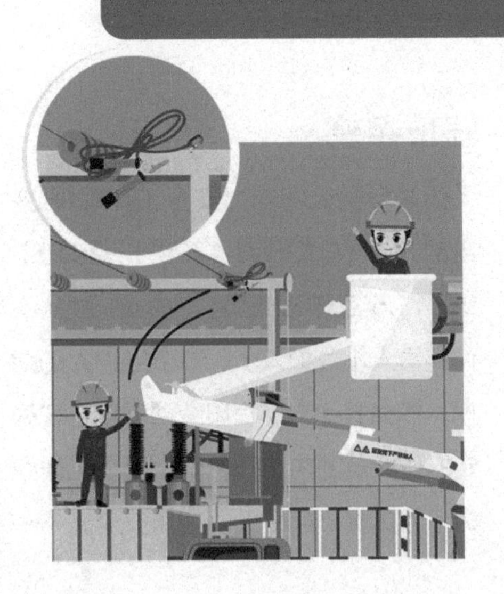

违反条例

《国家电网公司电力安全工作规程 变电部分》（Q/GDW 1799.1—2013）18.1.13：禁止将工具及材料上下投掷，应用绳索拴牢传递，以免打伤下方作业人员或击毁脚手架。

现场违章 9：现场使用的滤油机使用前未检查

违反条例

《国家电网公司电力安全工作规程 变电部分》（Q/GDW 1799.1—2013）16.4.1.1：使用工具前应进行检查，机具应按其出厂说明书和铭牌的规定使用，不准使用已变形、已破损或有故障的机具。

第6章 案例警示

变电检修车来帮忙，
操作不当坠物伤人

案例经过

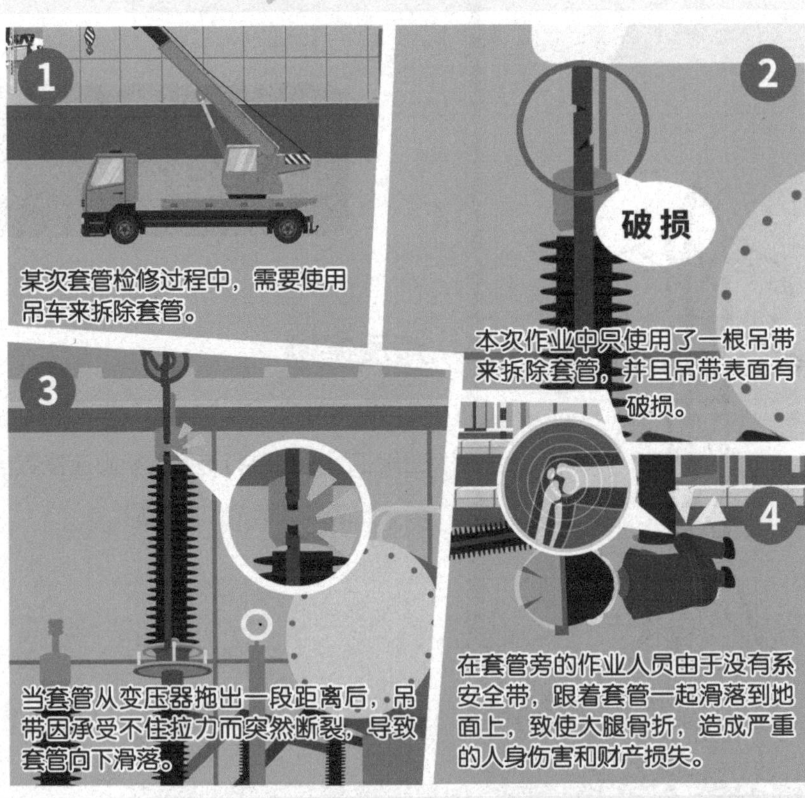
1
某次套管检修过程中，需要使用吊车来拆除套管。
2
破损
本次作业中只使用了一根吊带来拆除套管，并且吊带表面有破损。
3
当套管从变压器拖出一段距离后，吊带因承受不住拉力而突然断裂，导致套管向下滑落。
4
在套管旁的作业人员由于没有系安全带，跟着套管一起滑落到地面上，致使大腿骨折，造成严重的人身伤害和财产损失。

案例经过

户外检修穿墙套管，缺乏防护不慎摔死

安全交底人员不齐，误入间隔触电截肢

案例经过

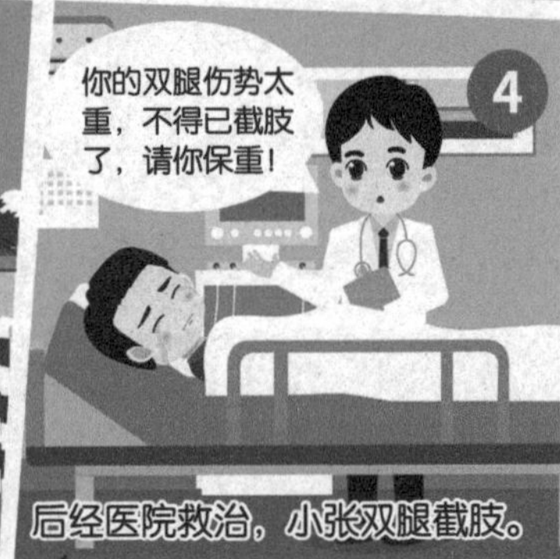

赤手拨动风机叶片，擅启风机手破血流

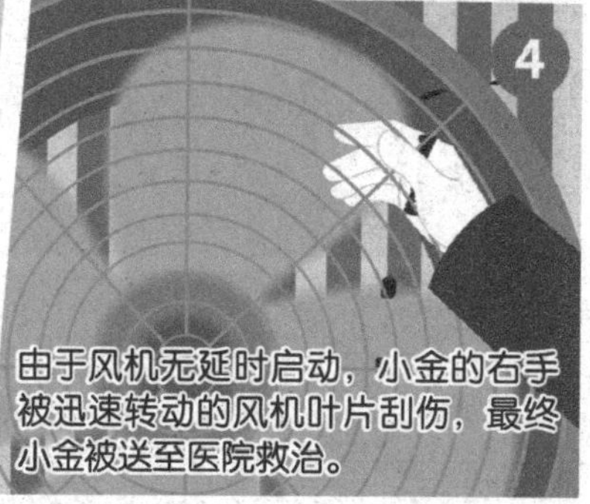

作业人员意识淡薄，
引起故障损失惨重

案例经过

1
某日，某变电站正在进行1号主变压器例行检查。

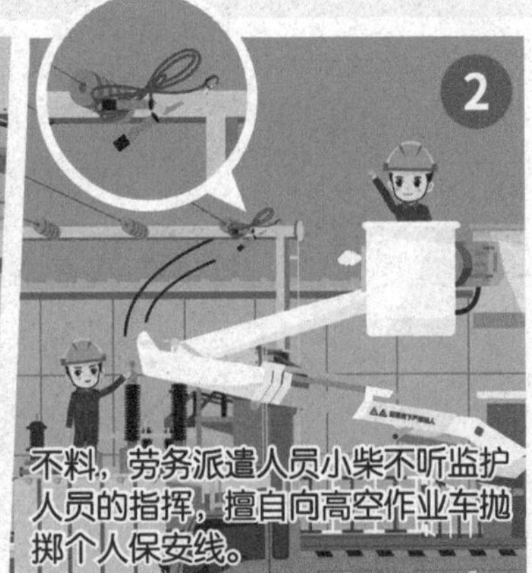
2
不料，劳务派遣人员小柴不听监护人员的指挥，擅自向高空作业车抛掷个人保安线。

3
与系统已解网
结果引起运行220kV母线A相故障，造成某变电站失压，某用户变电站和某自备电厂与系统解网。

4
损失6.7万千瓦
最终导致损失负荷6.7万千瓦。

案例经过

变电站里注油进水，耗费时间经济成本

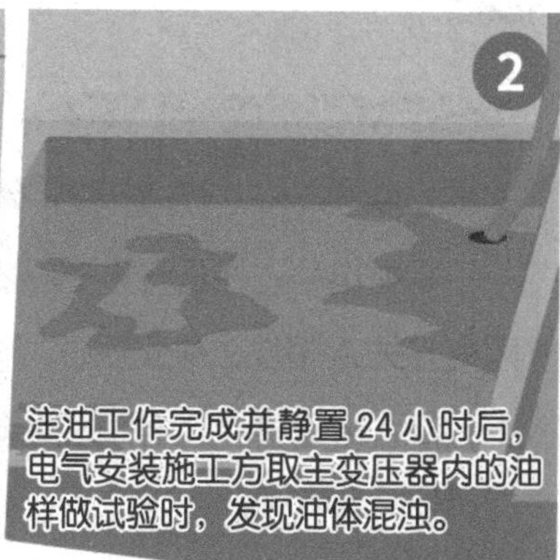

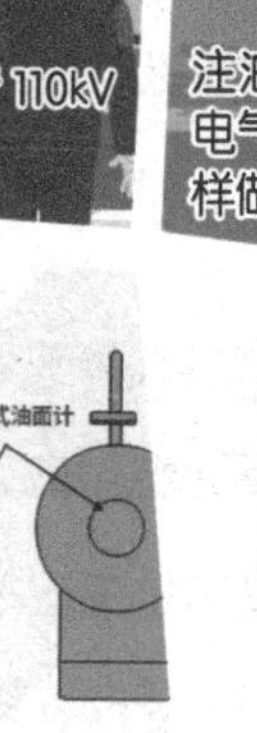

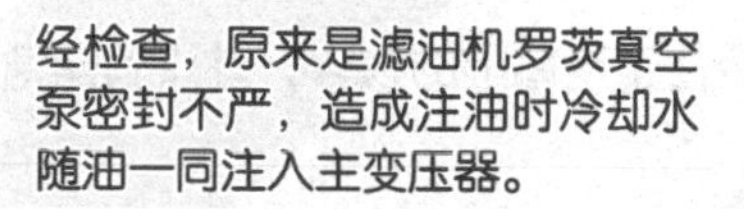

经检查，原来是滤油机罗茨真空泵密封不严，造成注油时冷却水随油一同注入主变压器。

最后现场申请延长工期，将主变压器内部所有变压器的油排出并重新过滤，对主变压器进行干燥处理，这大大增加了时间和经济成本。

其他案例

案例 1：主变压器综合检修，隔离开关弧光短路

某变电站正在进行主变压器综合检修。检修结束后，进行复电操作时，某隔离开关 A 相发生弧光短路，现场检查一次设备时发现：某接地开关 A 相分闸不到位，某接地开关 A 相的接地动触头和静触头的距离过近，某隔离开关 A 相均压环有放电痕迹。

案例 2：单根腰绳替代安全带，突然倾倒险些坠落

某变电站运行人员小陈和小王正在更换一组冷却器的风扇。在找不到安全带的情况下，他们竟然用单根腰绳代替完整的安全带。腰绳的一端系在二人的腰上，另一端未系在牢靠的固定物上，结果在拆风扇及电机时发生意外，小陈整个人突然倾倒，还好他手快抓住了设备上的物件，才没有坠落！

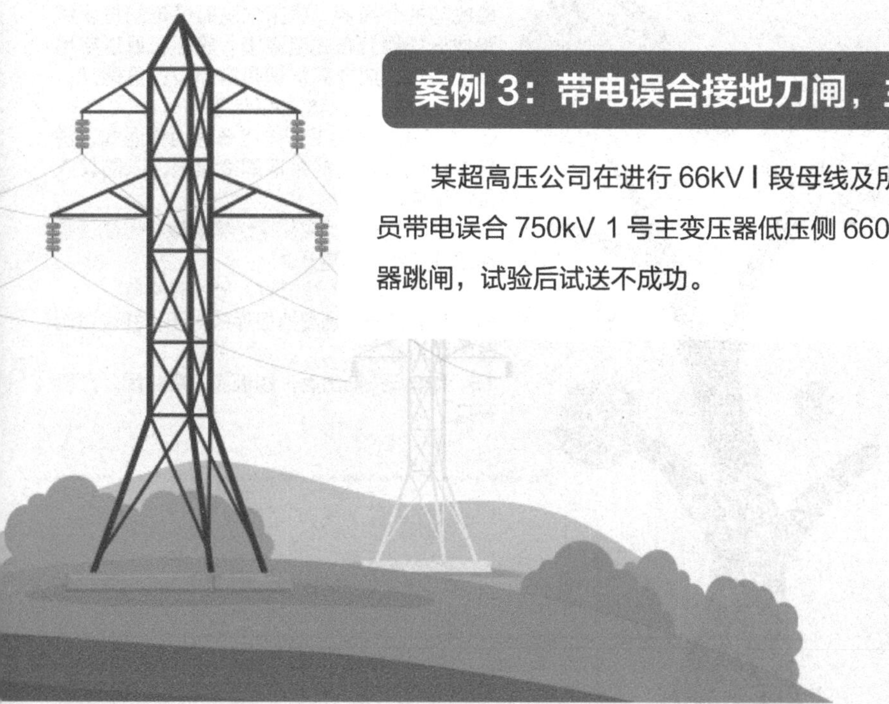

案例 3：带电误合接地刀闸，主变压器跳闸试送失败

某超高压公司在进行 66kV Ⅰ 段母线及所连间隔停电操作过程中，运维人员带电误合 750kV 1 号主变压器低压侧 6601617 接地刀闸，造成 1 号主变压器跳闸，试验后试送不成功。

第 3 篇 开关检修篇

第 7 章 风险辨识与预控措施

1. 断开与断路器相关的各类电源并确认无电压。
2. 工作中与带电部分保持足够的安全距离。（作业车：220kV> 6.0m、110kV>5.0m、35kV> 4.0m、10kV>3.0m。人员：220kV> 3.0m、110kV>1.5m、35kV>1.0m、10kV>0.7m。）
3. 工作时与相邻带电开关柜及功能隔室保持足够的安全距离或采取可靠的隔离措施。
4. 断开与开关柜相关的各类电源并确认无电压。
5. 拆除所有二次回路前，需确认均无电压。
6. 拆下的控制回路及电源线头所做的标记正确、清晰、牢固，防潮措施可靠。
7. 操作接地开关时，接地开关上严禁有人工作。

8. 现场再次核查停电方式和开关柜结构，对母线与主变压器、线路未同时停电的拉手线路或低压侧分布式电源接入等存在返送电可能的线路，应立即辨识带电部位和危险点，采取针对性安全措施加以防范。
9. 散开式开关柜下方的电缆沟为贯通式，进行单间隔检修时应采取隔离措施，以防误入带电间隔。
10. 固定式开关柜应使用绝缘隔板将母线侧隔离刀闸与断路器隔开。
11. 进行手车插入测试时，母线应停电。
12. 手车式开关隔离挡板保持封闭，并设置明显的警示标志。
13. 手车开关推出后，挡板应可靠封闭，严禁开启。

机械伤害

1. 拆除时，下方不得有人工作。
2. 手车式开关柜整体更换前，操动机构应充分释放所储能量。
3. 分合断路器时应高声呼唱。
4. 断路器弹簧操动机构整体更换前，应将分合闸弹簧释能。
5. 严禁擅自操作断路器或在机构箱内工作。
6. 承压部件承受压力时，不得对其进行修理与紧固。
7. 断路器本体在吊装、转运时，内部气压应符合产品技术规定。
8. 拆除、搬运时，应有防脱落措施，避免机械伤害。

高空坠落

1. 高处作业人员应正确使用安全带。
2. 作业人员在斗臂车或脚手架搭设的平台上作业时，应正确佩戴安全带、安全帽，禁止将安全带系在穿墙套管上。
3. 如需搭设脚手架，脚手架应经检验合格，并确认脚手架处于稳定状态。
4. 需要移动脚手架时，脚手架上不准站人。
5. 上下脚手架应走斜道或梯子，作业人员不准沿着脚手杆或者栏杆攀爬。

起重伤害

高空作业车、吊车应摆放平稳，其支脚应避开孔洞、电缆沟等。

第8章 典型违章

现场违章1：作业人员私自开启隔离挡板

违反条例

《国家电网公司电力安全工作规程 变电部分》（Q/GDW 1799.1—2013）7.5.4：高压开关柜内手车开关拉出后，隔离带电部位的挡板封闭后禁止开启，并设置“止步，高压危险！”的标示牌。

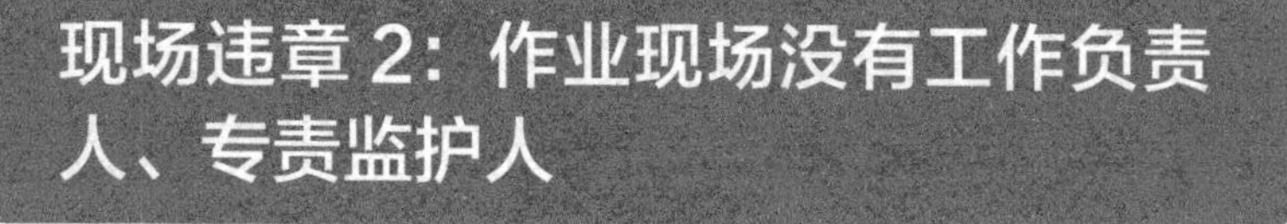

现场违章 2：作业现场没有工作负责人、专责监护人

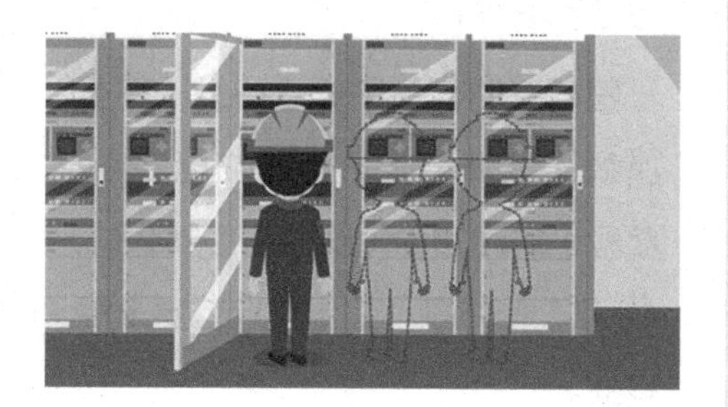

违反条例

《国家电网公司关于印发生产现场作业“十不干”的通知》（国家电网安质［2018］21 号）第十条：工作负责人（专责监护人）不在现场的不干。

现场违章 3：作业人员超出作业范围工作，未与带电设备保持安全距离

违反条例

《国网安监部关于修订印发〈严重违章条款释义〉（生产变电等 11 部分）的通知》（安监二［2023］48 号）第二条：超出作业范围未经审批。

现场违章4：作业人员擅自使用解锁钥匙

违反条例

《国网安监部关于修订印发〈严重违章条款释义〉（生产变电等11部分）的通知》（安监二［2023］48号）第十六条：随意解除闭锁装置，或擅自使用解锁工具（钥匙）。

现场违章 5：脚手架、跨越架未经验收合格即投入使用

违反条例

《国网安监部关于修订印发〈严重违章条款释义〉（生产变电等 11 部分）的通知》（安监二［2023］48 号）第四十五条：脚手架、跨越架未经验收合格即投入使用。

现场违章 6：高处作业转移过程中失去保护

违反条例

《国网安监部关于修订印发〈严重违章条款释义〉（生产变电等 11 部分）的通知》（安监二［2023］48 号）第三条：高处作业、攀登或转移作业位置时失去安全保护。

第 9 章 案例警示

私自开启隔离挡板，重度烧伤不幸离世

案例经过

突然，小穆和小张听到绝缘隔板活门开合的声音，接着一团弧光、烟雾喷出开关柜，跑过去后发现柜内检查手车轨道的小刘倒在地上，衣服着火。

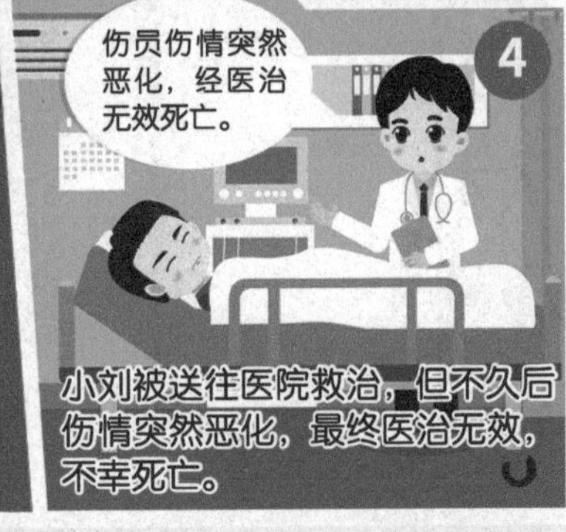

私自开启封闭挡板，断路器放电烧伤脸

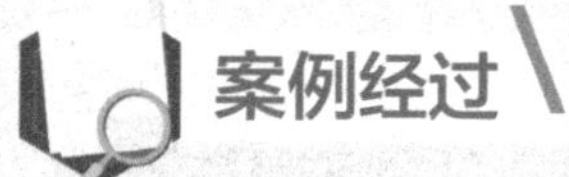

案例经过

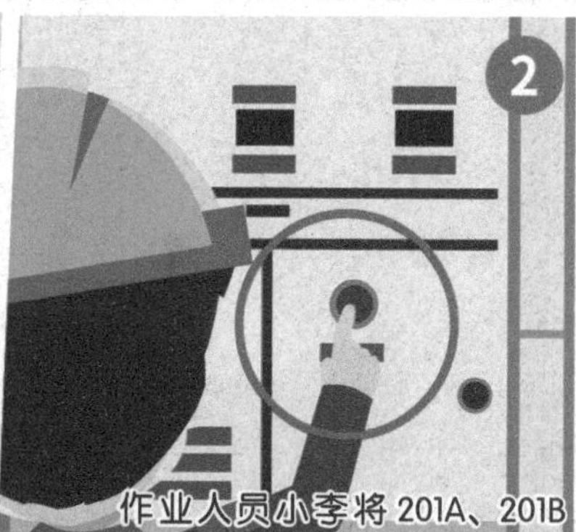

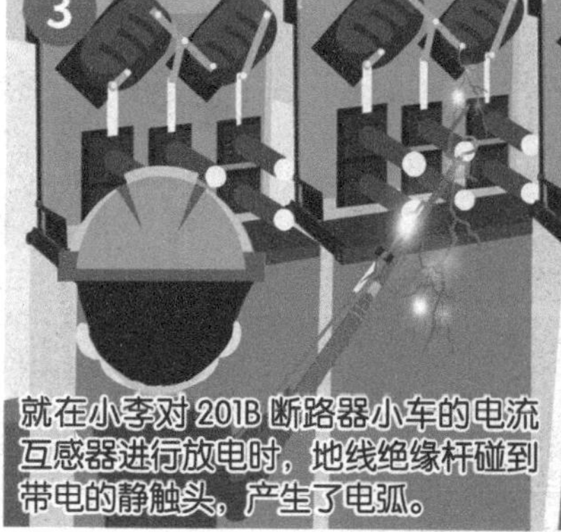

擅自使用解锁钥匙，
触电抢救无效死亡

案例经过

1
某日，工作负责人老焦以及工作班成员小叶和小刘正在某变电站处理断路器不能可靠分闸缺陷。

2
更换完跳闸的线圈后，经过反复调试，他们发现开关仍然机构卡涩，合不上。

3
就在老焦、小叶两人在开关柜前研究进一步解决机构卡涩问题的方案时，小刘竟然擅自从开关柜的前柜门上取下后柜门的解锁钥匙，移开围栏。

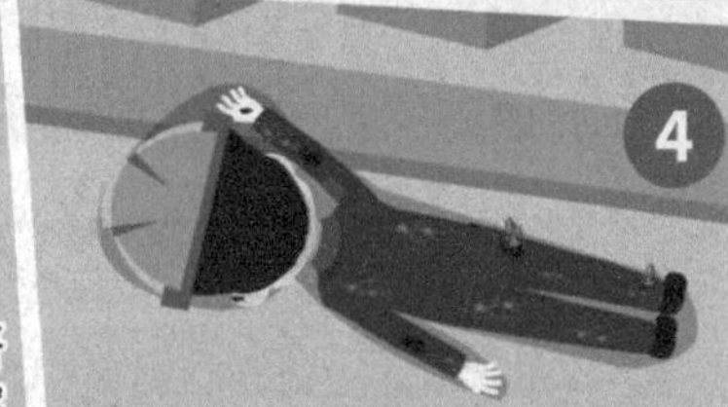
4
接着小刘打开后柜门，欲向机构连杆处涂抹润滑油，结果当场触电倒地，经抢救无效死亡。

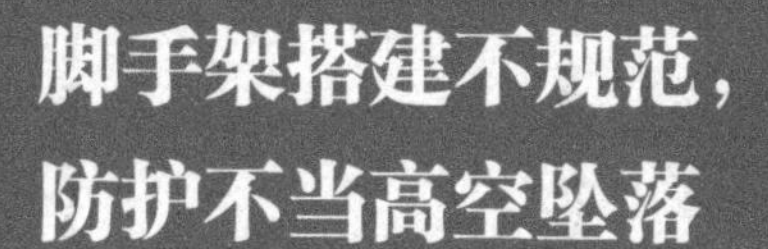

脚手架搭建不规范，防护不当高空坠落

案例经过

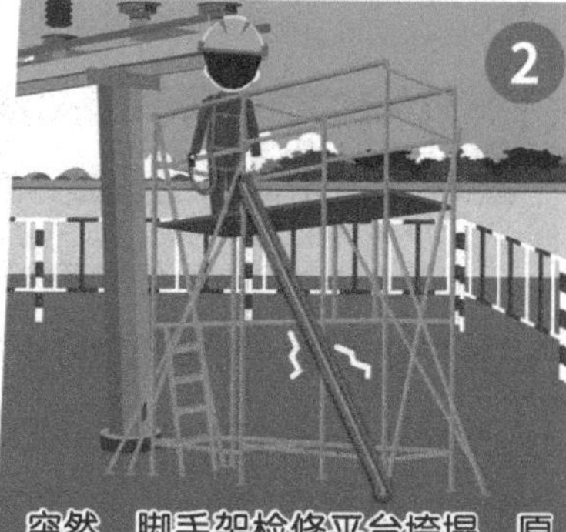

其他案例

案例 1：开关柜内尺寸测量，误碰触头触电身亡

某电力检修公司在进行 220kV 某变电站中 35kV 开关柜内部尺寸测量时，设备厂家技术人员申请打开 2 号主变压器 35kV 三段开关柜内隔离挡板（进线柜变压器侧静触头带电），工作负责人不仅未予以制止，还将核相车（专用工具车）推入开关柜内，并打开了隔离挡板。厂家技术人员测量时触及带电静触头，造成 1 人死亡、2 人受伤。

案例 2：开关检修擅自登顶，间隔不足触电死亡

某检修组正在开展 10kV 开关柜检修作业，工作人员小李擅自爬上某隔离开关柜顶进行检修，由于他与相邻间隔带电的母线安全距离不够，最终触电死亡。

案例 3：开关柜内二次接线，坠入相邻柜致触电

某变电站工作人员小刘正在开关柜内进行二次接线，突然意外发生了，他不小心坠入相邻带电开关柜，原来是工作地点与相邻柜之间没有隔板，结果导致触电。

第 4 篇　电力电缆检修篇

第 10 章　风险辨识与预控措施

1. 工作中与带电部分保持足够的安全距离。（作业车：220kV> 6.0m、110kV>5.0m、35kV> 4.0m、10kV>3.0m。人员：220kV> 3.0m、110kV>1.5m、35kV>1.0m、10kV>0.7m。）
2. 严禁翻越围栏、扩大作业范围。
3. 严禁误碰运行设备。
4. 电缆不得有中间接头。
5. 电缆施放接入完毕后，应检查其相序是否正确、螺栓是否紧固。
6. 电缆终端更换前，应对电缆进行验电、放电后挂接地线，防止发生人员触电事故。

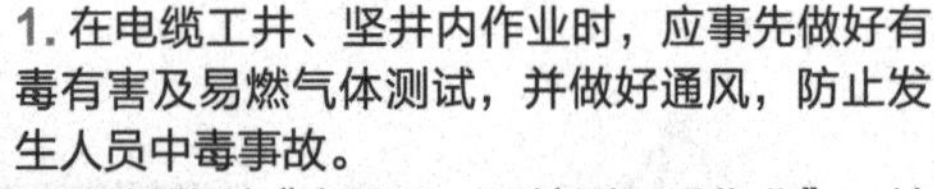

1. 在电缆工井、竖井内作业时，应事先做好有毒有害及易燃气体测试，并做好通风，防止发生人员中毒事故。
2. 必须做到“先通风、再检测、后作业”，检测不合格严禁作业。
3. 进入有限空间作业时，应遵守相关安全规范，保证作业空间内空气的置换时间。通风时间不低于 30 分钟，测试氧含量在 19.5%~23.5% 方可进入。严格执行先检测安全后，再进入空间进行作业的原则。
4. 为确保有限空间作业安全，应根据有限空间作业环境和作业内容，配置气体检测设备、通风设备、照明设备、通信设备等应急救援设备。
5. 气体检测工作应实时进行。
6. 有限空间施工应打开两处井口，井口设专人看护，二级及以上环境应进行强制通风。
7. 如气体检测不合格，达到二级及以上环境指标时，作业人员必须马上撤出。

火灾

1. 电缆固定支架动火时，按规定使用动火工作票，开具动火证，现场配备灭火器。
2. 火焰喷口不能对着人体，防止伤人。

高处坠落

1. 电缆夹层、竖井内等高处作业时，应系好安全带。安全带应挂在牢固的构件上，不可低挂高用。
2. 使用梯子时，应按规定正确使用。梯子应固定良好，且由专人监护、撑扶。
3. 高处作业均应先搭设脚手架，使用高空作业车、升降平台或采取其他防止坠落措施，方可进行作业。
4. 高处作业平台应处于稳定状态，需要移动时，作业平台上不准载人。
5. 安全带和专做固定安全带的绳索在使用前应进行外观检查。安全带、防坠自锁器、速差自控器的检查试验周期为一年。
6. 安全带的挂钩或绳子应挂在结实牢固的构件或专为挂安全带用的钢丝绳上，并应采用高挂低用的方式。
7. 安全带禁止系挂在移动或不牢固的物件上（如电缆终端、避雷器、绝缘子等）。

其他

1. 有限空间监护人应持证上岗并佩戴袖标，有限空间监护人应在有限空间外持续监护。
2. 井口围栏上应挂有限空间警示牌和信息牌。
3. 工作人员应携带有限空间作业工作证。
4. 有限空间工作完毕撤出时，应清点人数。
5. 作业人员必须正确佩戴和使用劳动防护用品，且与外部有可靠的通信联络。
6. 有限空间监护人不得离开作业现场，并与作业人员保持联系。

现场违章1：作业前未通风和检测

违反条例

《国家电网公司关于印发生产现场作业"十不干"的通知》（国家电网安质〔2018〕21号）第九条：有限空间内气体含量未经检测或检测不合格的不干。

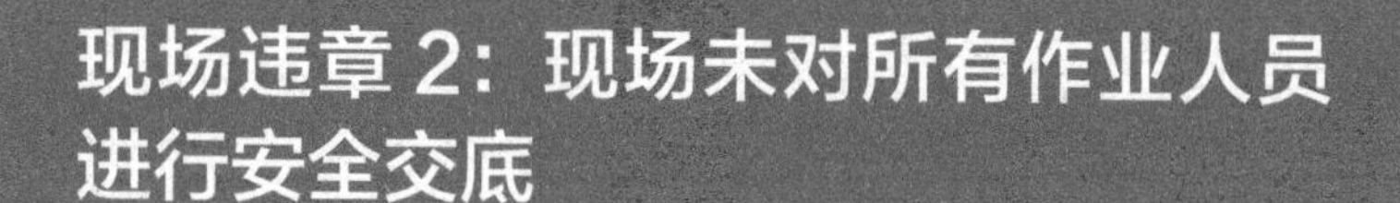

现场违章2：现场未对所有作业人员进行安全交底

违反条例

《国网安监部关于修订印发〈严重违章条款释义〉（生产变电等11部分）的通知》（安监二［2023］48号）第六条：作业人员不清楚工作任务、危险点。

第12章 案例警示

电缆沟道隐患排查，
有章不循中毒死亡

案例经过

1
某日，工作负责人老张和作业人员小李正在进行变电站的电力电缆巡视检查工作。
2
反正电缆沟也不深，就没必要通风和检测了。
该项工作需要进入电缆沟进行巡视检查。小李认为电缆沟不深，没有必要通风和检测，于是他便直接进入电缆沟，结果中毒晕倒。

3
嘿嘿，还敢下来？一个已经倒了，还来一个！
老张发现小李很长时间没有返回，也直接下井去看，结果也中毒晕倒。

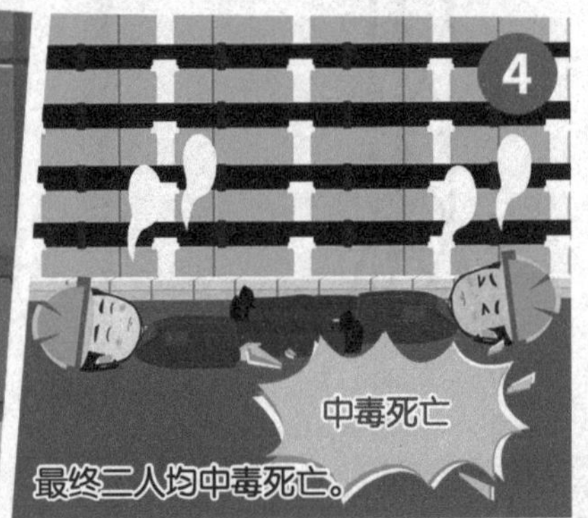
4
中毒死亡
最终二人均中毒死亡。

电力电缆检修维护，输送电缆被砸骨折

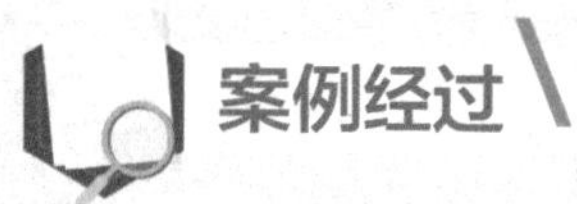

案例经过

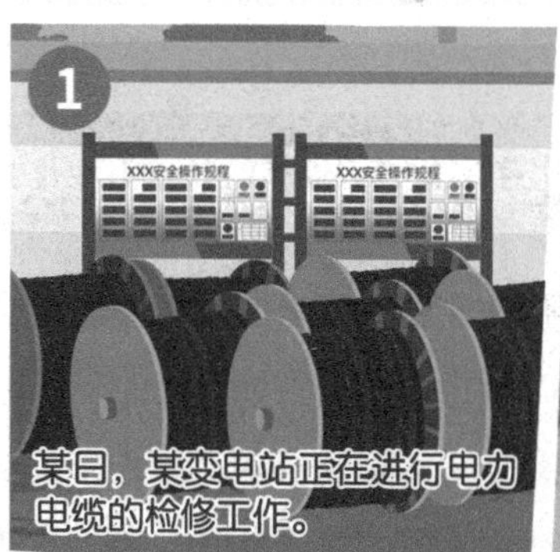

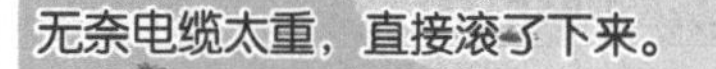

其他案例

案例 1：值班员不熟悉回路情况，误碰断面线路致跳闸

某电业局 220kV 一次变电所清扫卫生过程中，见习值班员小齐在清擦 1 号主变压器保护屏后的地面时，不慎将拖布碰到地面上的电缆断面，触发警报铃响，220kV 分段兼旁路绿灯闪烁。见习值班员对回路和施工情况不清楚，致使拖布碰到电缆断面，造成“1”与“R33”两芯短路，是此次事故发生的直接原因。

案例 2：擅自办理终结手续，致人触电死亡

某 110kV 变电站内，变检工作负责人老龙和作业人员小王在进行电缆检修、恢复电缆头接线作业期间，老龙配合制作电缆中间头。在解开电缆头未恢复、未告知现场人员、未履行验收手续的情况下，老龙擅自办理工作票终结手续，并向调度汇报工作结束，导致小王触电死亡。

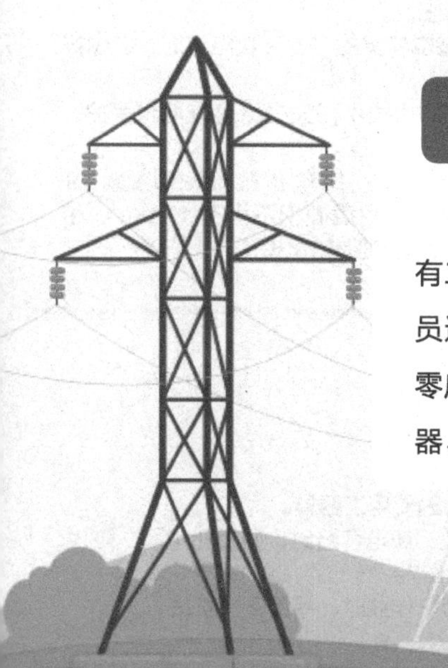

案例 3：电缆敷设违规扩孔，误伤电缆导致接地

某超高压公司在开展Ⅰ线间隔 SF_6 密度继电器通信线电缆敷设期间，因原有二次电缆穿越电缆沟时未敷设钢管、电缆孔洞过小无法敷设新电缆，作业人员违规进行扩孔作业，误伤二次电缆，导致 CT（电流互感器）两点接地产生零序电流，造成线路保护零序过流Ⅲ段动作，变电站 7521 断路器、7520 断路器、750kV Ⅰ线跳闸。

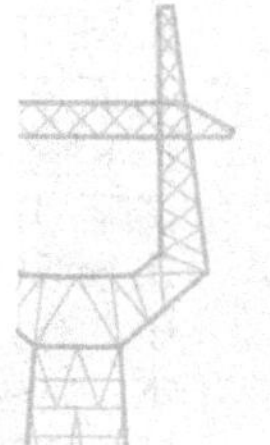

第 5 篇　其他检修篇

第 13 章　风险辨识与预控措施

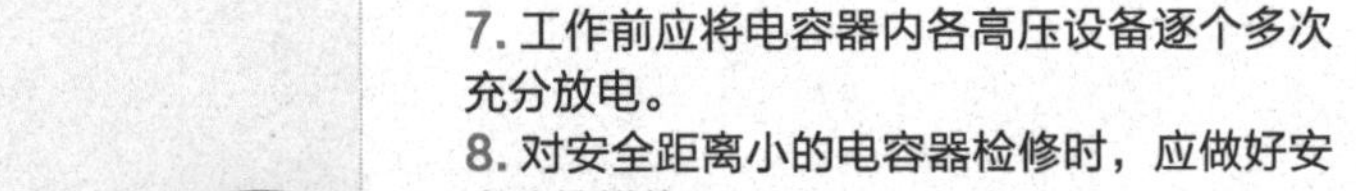

触电

1. 电压互感器检修时，应断开互感器所有一、二次侧电源。
2. 工作中与带电部分保持足够的安全距离。（作业车：220kV>6.0m、110kV>5.0m、35kV> 4.0m、10kV>3.0m。人员：220kV> 3.0m、110kV>1.5m、35kV>1.0m、10kV>0.7m。）
3. 电压互感器二次侧严禁短路。
4. 断开与互感器相关的各类电源并确认无压；拆下的控制回路及电源线头所做的标记正确、清晰、牢固，防潮措施可靠。
5. 接取低压电源时，防止触电伤人。
6. 工作前必须认真检查停用电压互感器的状态，应注意对继电保护和安全自动装置的影响，将二次回路主熔断器或二次空气开关断开，防止电压反送。

触电

7. 工作前应将电容器内各高压设备逐个多次充分放电。
8. 对安全距离小的电容器检修时，应做好安全防护措施。
9. 拆、装电容器的一、二次电缆时，应做好防护措施。
10. 拆下的引线不得失去原有接地线保护，引线应固定、牢固。
11. 高空作业车（吊车）应加装接地线，并且接地线应使用截面积不小于 $16mm^2$、带有绝缘护套的多股软铜线。

机械伤害

1. 正确使用工器具。
2. 装、卸电容器时，应绑扎牢固，防止坠物伤人。
3. 吊车作业时，吊臂下严禁站人。

1. 按厂家规定正确吊装设备，必要时使用缆风绳控制方向，并设专人指挥。
2. 高空作业车摆放平稳，其支脚应避开孔洞、电缆沟等。
3. 吊装过程中应设专人指挥，指挥人员应站在能全面观察到整个作业范围及吊车司机和司索人员的位置；任何工作人员发出紧急信号，作业人员都必须停止吊装作业；吊臂下方不允许人员穿行。
4. 起吊应缓慢进行，离地 100mm 左右时，应停止起吊。令吊件稳定后，指挥人员检查起吊系统的受力情况，确认无问题后，方可继续起吊。
5. 确认所有绳索从吊钩上卸下后再起钩，不允许吊车抖绳摘索，更不允许借助吊车臂的升降摘索。

6. 支撑式管母线应采用吊车多点吊装，吊点应使用棉制品防护，避免母线表面出现划痕；技术人员应根据管母线的长度和重量，计算出吊绳的型号及吊点的位置，并采取措施防止吊点绑扎滑动，避免吊装时管母线倾覆伤人。
7. 吊装前应勘察现场，制定起重专项作业方案。
8. 起吊时，应在管母线两端系上足够长的溜绳，以控制方向，并缓慢起吊。
9. 如果需要两台吊车吊装时，起吊指挥人员应双手分别指挥两台吊车，以确保同步。
10. 管母线的调整需用升降车进行，严禁使用吊篮施工。

高处坠落

1. 在5级及以上的大风或暴雨、雷电、冰雹、大雾、沙尘暴等恶劣天气下，应停止露天高处作业。
2. 架构上的作业人员不得攀爬支柱绝缘子串作业，应使用专用爬梯，并系好安全带。
3. 高处作业人员应正确使用安全带，严禁安全带低挂高用、悬挂瓷瓶，在高处进行转移时严禁失去保护。
4. 高处作业所用的工器具、材料应放在工具袋内或用绳索绑牢。
5. 上下传递物品应使用传递绳，严禁上下抛掷。
6. 拆装设备时应做好防止高处坠落及坠物伤人的安全措施。
7. 拆、装电容器时，应做好防止电容器摔落的安全措施。
8. 使用的梯子应坚固完整、安放牢固，使用梯子时应有人撑扶。
9. 停电后在硬母线上检查工作时，要做好防坠落措施。

其他伤害

1. 应认真检查电压互感器的状态，注意对继电保护和安全自动装置的影响，防止误动。
2. 检查并确认安全措施已布置到位。
3. 调整支持绝缘子垂直度时，宜两人作业。作业人员应先系好安全带，再将其底座螺栓全部拧松；在垫垫片时，应用工具送垫。
4. 使用电动工器具时，应参照该工具的安全使用注意事项。
5. 相邻带电架构、爬梯应设置警示红布帘。

第14章 典型违章

现场违章1：现场安全措施不全，电压互感器的二次侧空气开关未断开、未做措施

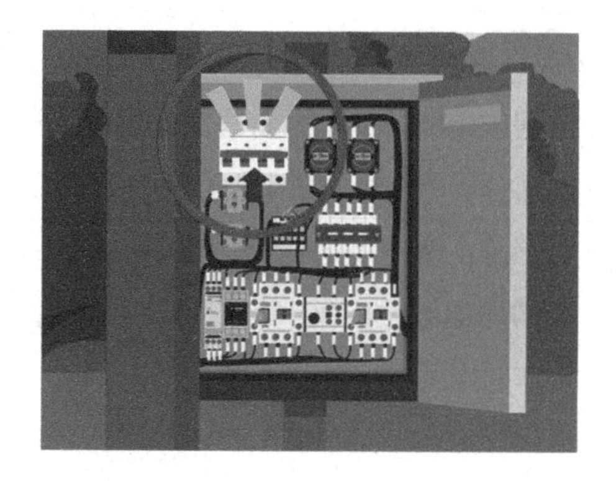

违反条例

《国家电网公司电力安全工作规程 变电部分》（Q/GDW 1799.1—2013）13.15：电压互感器的二次回路通电试验时，为防止由二次侧向一次侧反充电，除应将二次回路断开之外，还应取下电压互感器高压熔断器或断开电压互感器一次刀闸。

现场违章 2：使用裸露金属材质的工具直接拆除二次接线，导致触电

违反条例

《国家电网公司电力安全工作规程 变电部分》（Q/GDW 1799.1—2013）12.4.2：使用有绝缘柄的工具，其外裸的导电部位应采取绝缘措施，防止操作时相间或相对地短路。

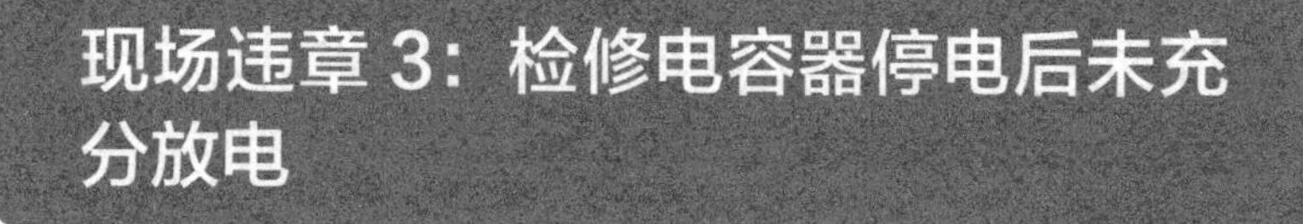

现场违章3：检修电容器停电后未充分放电

违反条例

《国家电网公司电力安全工作规程 变电部分》（Q/GDW 1799.1—2013）7.4.2：当验明设备确已无电压后，应立即将检修设备接地并三相短路。电缆及电容器接地前应逐相充分放电，星形接线电容器的中性点应接地、串联电容器及与整组电容器脱离的电容器应逐个多次放电，装在绝缘支架上的电容器外壳也应放电。

现场违章 4：作业人员高处作业未使用工具袋

违反条例

《国家电网公司电力安全工作规程 变电部分》（Q/GDW 1799.1—2013）18.1.11：高处作业应一律使用工具袋。较大的工具应用绳拴在牢固的构件上，工件、边角余料应放置在牢靠的地方或用铁丝扣牢并有防止坠落的措施，不准随便乱放，以防止从高处坠落发生事故。

现场违章 5：高处作业未正确使用安全带

违反条例

《国网安监部关于修订印发〈严重违章条款释义〉（生产变电等 11 部分）的通知》（安监二［2023］48 号）第三条：高处作业、攀登或转移作业位置时失去安全保护。

第 15 章 案例警示

变电站互感器检修，措施不全触电受伤

案例经过

案例经过

电容器未充分放电，
督查疏忽导致触电

1
某日，某变电站的小李正在准备进行电容器大修工作。
2
放一下就不用再放电了吧，应该出不了什么大事。
开工前，小李没有要求工作许可人对电容器逐相放电就冒冒失失地动手作业。
3
多一事不如少一事，还是不阻止他了，让他继续作业吧。
现场督查人员发现后竟然也不及时制止。
4
结果导致小李触电受伤。

母线架构更换母线，解除防护坠地身亡

案例经过

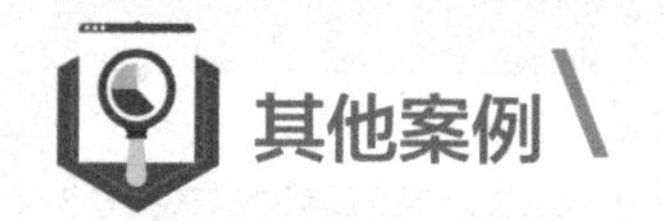

其他案例

案例 1：检修过程协助不当，对地放电 I 母失压

某变电站运行人员小陈和小王正在执行断路器检修任务，在某隔离开关处做安全措施悬挂接地线时，小王低头拿接地线去协助小陈，结果小陈误将接地线挂向该隔离开关母线侧 B 相引流线，最终引起 110kV I 母线对地放电，造成 110kV 母线差动保护动作跳闸，110kV I 母线失压。

案例 2：调试人员忽视距离，电抗器对母线放电

在某公司的直流输电工程调试过程中，调试人员开展某平波电抗器直流耐压试验，耐压值为 600kV 以上，电抗器旁有直流母线，连接已断开，但安全距离十分小，调试人员误认为不会发生放电，并将母线接地。在电压升至 600kV 时，电抗器对母线放电，电流通过接地线引起电位升高，导致试验仪器损坏。其间，若有人与地线接触，则可能导致人员触电。

案例 3：取油阀门滑丝损坏，配件缺失堵不住喷油口

某变电站许可了一份 500kV 高抗取油样工作票。高抗带电正常运行。在取油样过程中，由于作业人员操作不当，高抗取油阀门滑丝损坏，50℃的高抗油在压力作用下直接喷到了作业人员的身上。作业人员顾不得油温的烫伤，急于修复取油阀门，无奈现场未带工具，也没有备件。随着时间一分一秒地过去，油位越来越低，设备面临非计划停运的风险。工作负责人灵机一动，跑到厨房拿了一根筷子，想用筷子堵住喷油口，幸运的是喷油口的尺寸与筷子刚好相符。该缺陷就这样被临时处理了，还需等待后续的进一步处理。

案例 4：接续钢丝绳绳盘卧地，牵拽尾绳跑线致死

某送变电公司开展输电线路工程 #144 ~ #149 段右相导线放线作业。10 时 30 分左右，张力场导线即将放尽，此时牵引场尚未牵引到位（用于展放的导线长度不满足 #144 ~ #150 段放线需求，但能满足 #144 ~ #149 段挂线需求），于是张力场工作负责人老李组织作业人员在导线后接续钢丝绳继续展放。现场没有使用钢丝绳绳盘支架，钢丝绳绳盘卧置于张力机进线侧的地面上，并将钢丝绳预先松下盘放于地面，由作业人员向张力机送绳。11 时 30 分左右，#4 子导线（在张力机进线侧面向张力机方向，自右至左分别为 #1 ~ #6 子导线）及其接续的钢丝绳在张力机轮盘上滑动，发生跑线，钢丝绳击打了位于张力机进线侧的小何的头部，导致安全帽帽壳与帽衬分离，并造成小何颅脑损伤。事故发生后，现场人员拨打 120 急救电话，最终小何经抢救无效死亡。

第 6 篇　带电检测、高压试验篇

第 16 章　风险辨识与预控措施

触电风险

1. 一次设备试验工作不得少于 2 人。试验作业前，必须规范设置安全隔离区域，向外悬挂“止步，高压危险！”的警示牌。设专人监护，严禁非作业人员进入。设备试验时，应将所要试验的设备与其他相邻设备做好物理隔离措施。
2. 调试过程中，试验电源应从试验电源屏或检修电源箱取得，严禁使用绝缘破损的电源线；用电设备与电源点距离超过 3m 的，必须使用带漏电保护器的移动式电源盘；试验设备和被试设备应可靠接地。设备通电过程中，试验人员不得中途离开。工作结束后应及时将试验电源断开。
3. 装、拆试验接线应在接地保护范围内，戴绝缘手套，穿绝缘鞋，在绝缘垫上加压操作，与加压设备保持足够的安全距离。
4. 更换试验接线前，应对测试设备充分放电。

触电风险

5. 高压试验的安全措施须完善，试验设备和被试验设备外壳和铁芯及非试线圈应可靠接地（电抗器除外），升高座电流互感器二次绕组应短接并可靠接地，试验区域应装设临时围栏和警告牌，并有专人警戒。
6. 耐压、局部放电试验时，必须有监护人监视操作，操作人员应穿绝缘鞋，升压前后必须使调压器可靠回零并告知有关人员密切注意被试品。升压过程中，升压速度应平稳并密切注意有关仪表和设备的情况，发现异常应立即降压或断开电源，进行放电，停止试验，待查明原因后，方可继续试验。
7. 例行试验带电取样时，应与带电体保持安全距离，变压器外壳应可靠、独立接地；绝缘强度测试项目时，应使用绝缘垫并设置安全围栏，测试过程中禁止触动仪器高压罩，以防高电压伤人；装样操作时，不许用手触及电源、电极、油杯内部和试油。

高处坠落

1. 高处作业应正确使用安全带，作业人员在转移作业位置时不准失去安全保护。
2. 登高取样时应使用梯子并有专人扶梯。

第17章 典型违章

现场违章1：现场未使用工作票

违反条例

《国网安监部关于修订印发〈严重违章条款释义〉（生产变电等11部分）的通知》（安监二〔2023〕48号）第十条：无票（包括作业票、工作票及分票、操作票、动火票等）工作、无令操作。

现场违章 2：试验现场工作负责人（监护人）未尽到监护责任

违反条例

《国家电网公司电力安全工作规程 变电部分》（Q/GDW 1799.1—2013）6.3.11.2 工作负责人（监护人）：……e）监督工作班成员遵守本规程，正确使用劳动防护用品和安全工器具以及执行现场安全措施。……

现场违章 3：工作负责人没有敦促非试验人员撤离试验区域，在存在人员触电隐患的情况下开展高压试验

违反条例

《国家电网有限公司关于进一步规范和明确反违章工作有关事项的通知》（国家电网安监〔2023〕234 号）典型违章库 1（生产变电部分）第 94 条：加压前未通知所有人员离开被试设备。

现场违章 4：测量后未对试品充分放电

违反条例

《国家电网有限公司关于进一步加强生产现场作业风险管控工作的通知》（国家电网设备［2022］89 号）第 4 条：更换试验接线前，应对测试设备充分放电。

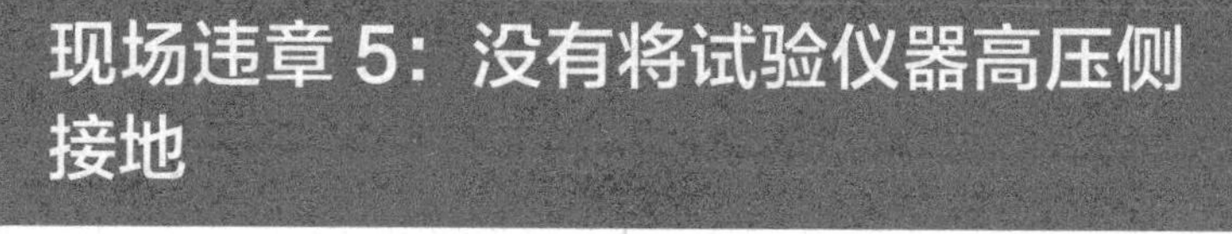

现场违章 5：没有将试验仪器高压侧接地

违反条例

《国家电网有限公司关于进一步加强生产现场作业风险管控工作的通知》（国家电网设备〔2022〕89 号）第 6 条：高压试验的安全措施已完善，试验设备和被试验设备外壳和铁芯及非试线圈已可靠接地（电抗器除外），升高座电流互感器二次绕组应短接并可靠接地，试验区域装设临时围栏和警告牌，并有专人警戒。

现场违章 6：本次作业未封挂接地线

违反条例

《国网安监部关于修订印发〈严重违章条款释义〉（生产变电等 11 部分）的通知》（安监二［2023］48 号）第十二条：漏挂接地线或漏合接地刀闸。

现场违章 7：在未确定均压电容器试验结束后是否充分放电，试验设备高压部分是否接地的情况下擅自拆除试验接线

违反条例

《国网安监部关于修订印发〈严重违章条款释义〉（生产变电等 11 部分）的通知》（安监二〔2023〕48 号）第二十条：在电容性设备检修前未放电并接地，或结束后未充分放电；高压试验变更接线或试验结束时未将升压设备的高压部分放电、短路接地。

现场违章 8：在未呼唱“开始加压”的情况下，就启动仪器进行加压

违反条例

《国家电网有限公司关于进一步规范和明确反违章工作有关事项的通知》（国家电网安监〔2023〕234 号）典型违章库 1 （生产变电部分）第 90 条：高压试验加压过程中未呼唱。

现场违章 9：检修人员在没有得到高压试验负责人同意的情况下，就爬上隔离开关进行检修，不服从工作负责人指挥

违反条例

《国家电网公司电力安全工作规程 变电部分》（Q/GDW 1799.1—2013）6.3.11.5 工作班成员：……b）服从工作负责人（监护人）、专责监护人的指挥。……

现场违章 10：作业人员超出作业范围工作，未与带电设备保持安全距离

违反条例

《国网安监部关于修订印发〈严重违章条款释义〉（生产变电等 11 部分）的通知》（安监二［2023］48 号）第二条：超出作业范围未经审批。

现场违章 11：在原票上涂改后许可开工

违反条例

《国家电网有限公司关于进一步规范和明确反违章工作有关事项的通知》（国家电网安监〔2023〕234 号）典型违章库 1（生产变电部分）第 53 条：工作票字迹不清楚，随意涂改。

现场违章 12：将围栏一角暂时取下，待该部位工作结束后，再将围栏复原

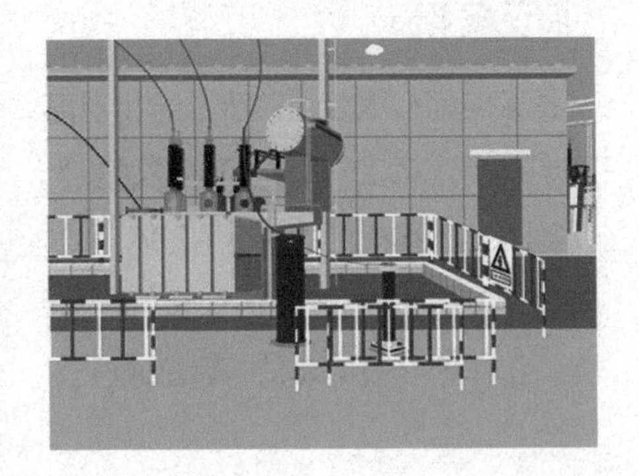

违反条例

《国网安监部关于修订印发〈严重违章条款释义〉（生产变电等 11 部分）的通知》（安监二［2023］48 号）第二十八条：作业人员擅自穿、跨越安全围栏、安全警戒线。

现场违章 13：未佩戴绝缘手套的情况下进行高压验电、装拆接地

违反条例

《国家电网有限公司关于进一步规范和明确反违章工作有关事项的通知》（国家电网安监［2023］234 号）典型违章库 1（生产变电部分）第 63 条：高压验电不戴绝缘手套；装、拆接地线，不戴绝缘手套。

第18章 案例警示

试验结束未放尽电，剩余电荷致人触电

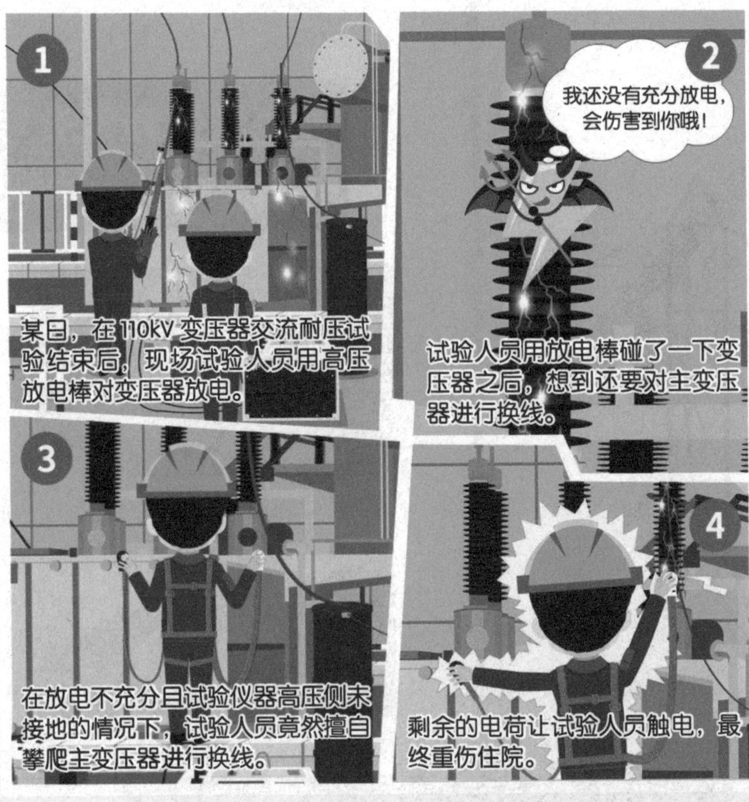

案例经过

现场措施做不到位，
随意操作导致触电

1
某日，作业人员小王准备在某变电站进行隔离开关检修作业。
2
不管了，让他先进行作业吧，做完我们也可以早点下班回家。
小王办理工作票了吗？
在开始作业前，小王并没有办理工作票，工作负责人和工作许可人也未落实工作许可手续就允许小王作业了。
3
作业时，小王未装设接地线，也未断开线路所带用户进线侧跌落式开关。
4
对不起，我们已经尽力了。
最终小王触电，经抢救无效死亡。

案例经过

高压试验未断电源，
误碰高压触电死亡

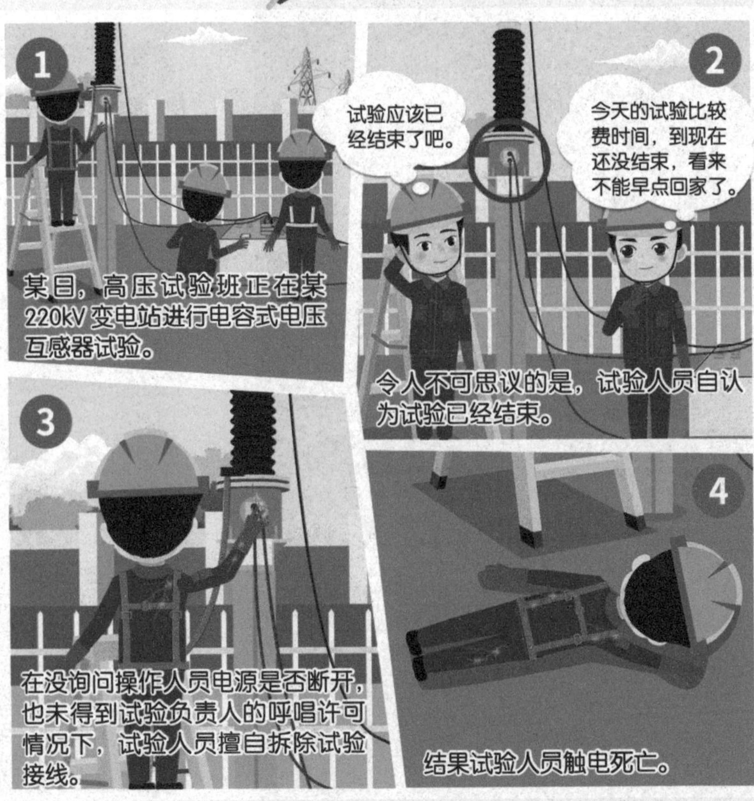
1
某日，高压试验班正在某220kV变电站进行电容式电压互感器试验。
2
试验应该已经结束了吧。
今天的试验比较费时间，到现在还没结束，看来不能早点回家了。
令人不可思议的是，试验人员自认为试验已经结束。
3
在没询问操作人员电源是否断开，也未得到试验负责人的呼唱许可情况下，试验人员擅自拆除试验接线。
4
结果试验人员触电死亡。

高压试验没有呼唱，无关人员触电骨折

案例经过

案例经过

超出作业范围工作，造成电弧严重烧伤

现场故障判断失误，互感器放电灼伤人

案例经过

1

某日，某变电站报 C 相接地，现场拉线检查后发现，母线并列运行，电压互感器退出运行后故障消除，随即将该电压互感器转检修位。

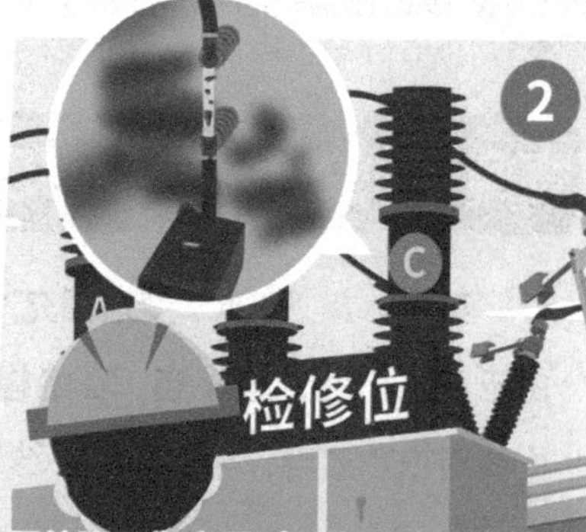

其他案例

案例 1：变压器充油耐压试验，引线不当导致起火

某日，某 220kV 变压器充油后，在进行绕组绝缘耐压试验中，由于高压引线放置不当，在绝缘耐压试验结束、切断电源时，高压引线对铁芯放电，导致起火，结果变压器油箱全部烧损。

案例 2：微风致使引线下落，偷懒干活绝不可取

在某变电站的电流互感器交流耐压试验中，作业人员因懒惰，仅将电流互感器与隔离开关侧引流线拆开，用绝缘绳将引流线系在电流互感器的底座上，且未绑扎牢固，电流互感器与断路器侧的引流线也未拆除。

进行绝缘耐压试验时，绝缘绳在微风的吹动下松开，造成引所幸引线下未布置试验设备且无人员通过或滞留，才损坏或人员伤亡。

案例 3：高压试验未按要求，误碰接地线触电死亡

某日，工作人员小刘在进行高压试验作业，试验结束，正要对被试设备放电时，他摘下一只绝缘手套接电话，结果忘记重新戴上，最终因放电时身体不慎碰到放电接地线而触电死亡。

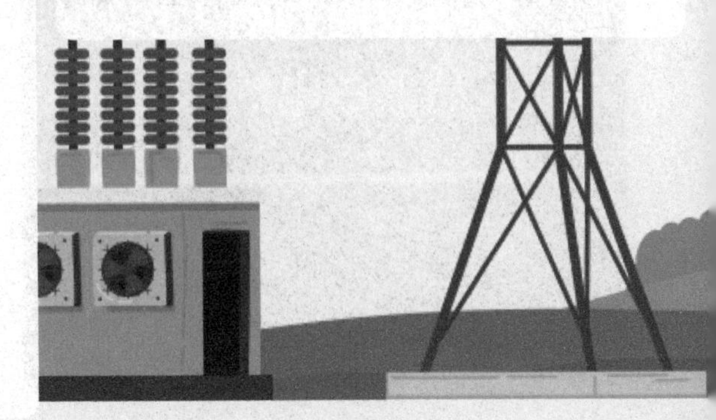